角的夜谈会

·角的初步认识·

国开童媒 编著　每晴 文　陈旋玉 图

国家开放大学出版社出版　国开童媒（北京）文化传播有限公司出品

北 京

爸爸说，从一个点往不同方向画两条线，就能得到一个角。

它可以这么尖锐，　　　　也可以这样垂直，　　　　还可以这样张着。

嘿，你们好呀！

别躺着了，快起来玩儿！

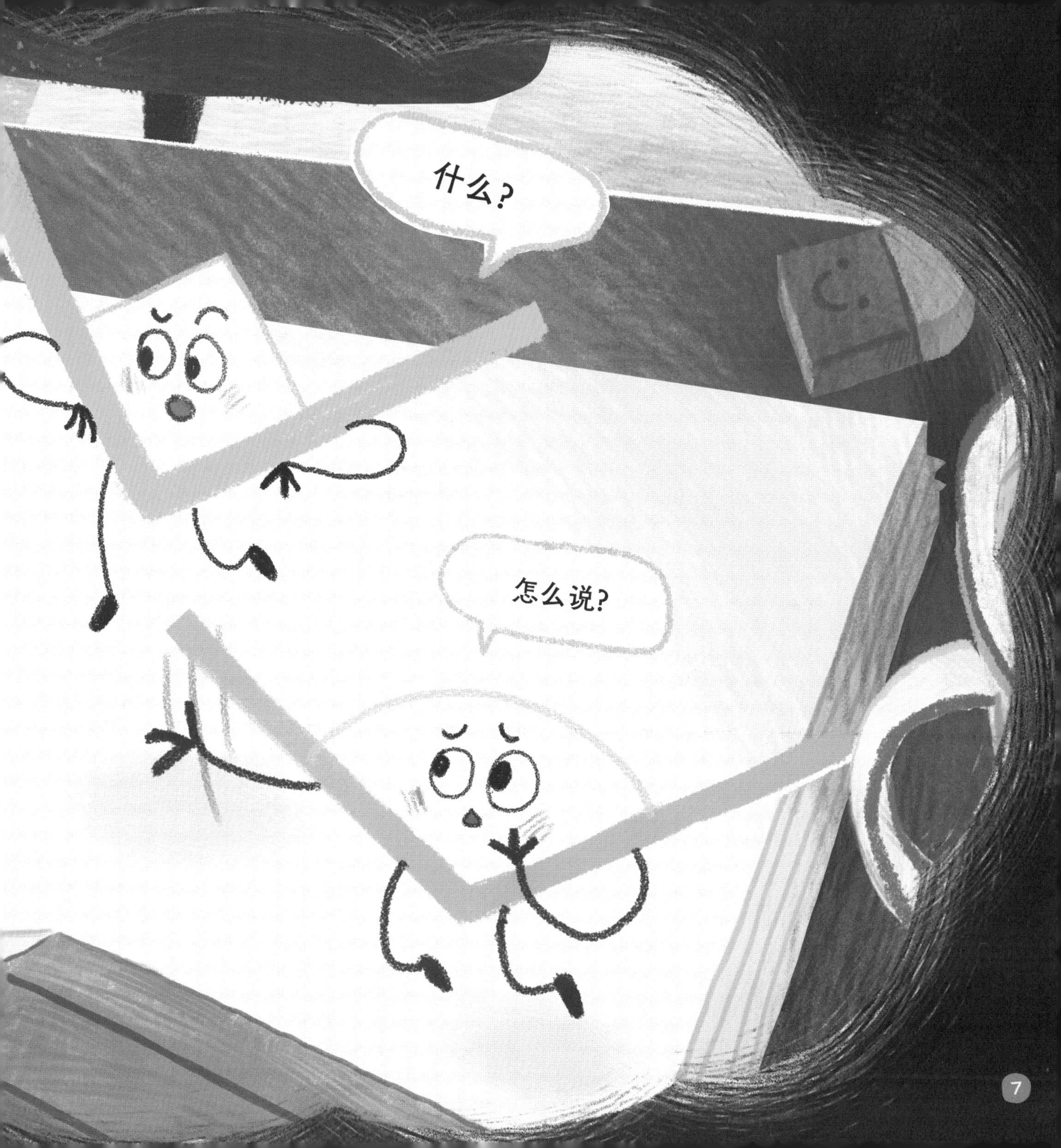
什么?
怎么说?

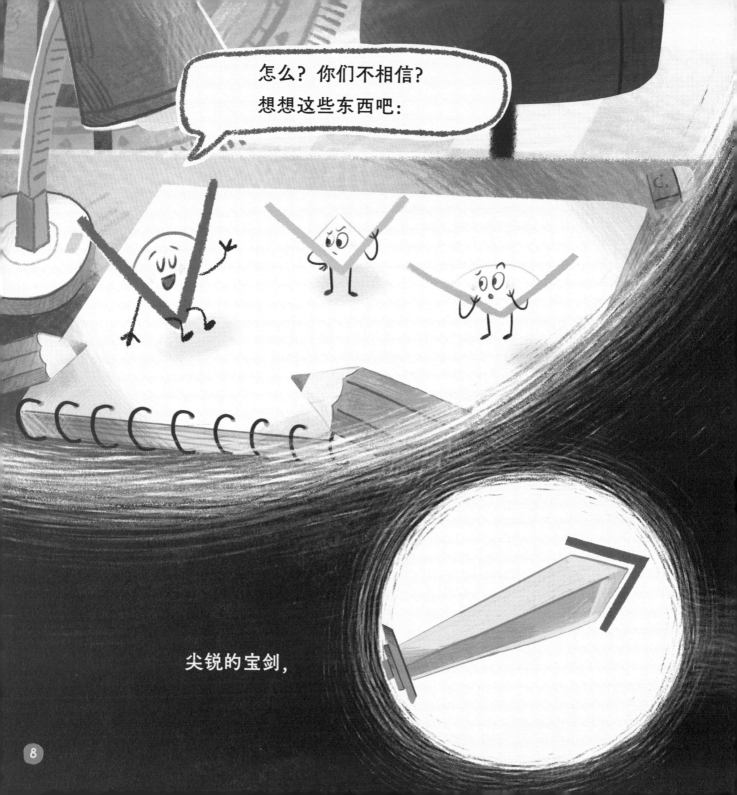

拉满的弓箭，

锋利的剪刀，

有力的夹子……

它们都充满了力量！

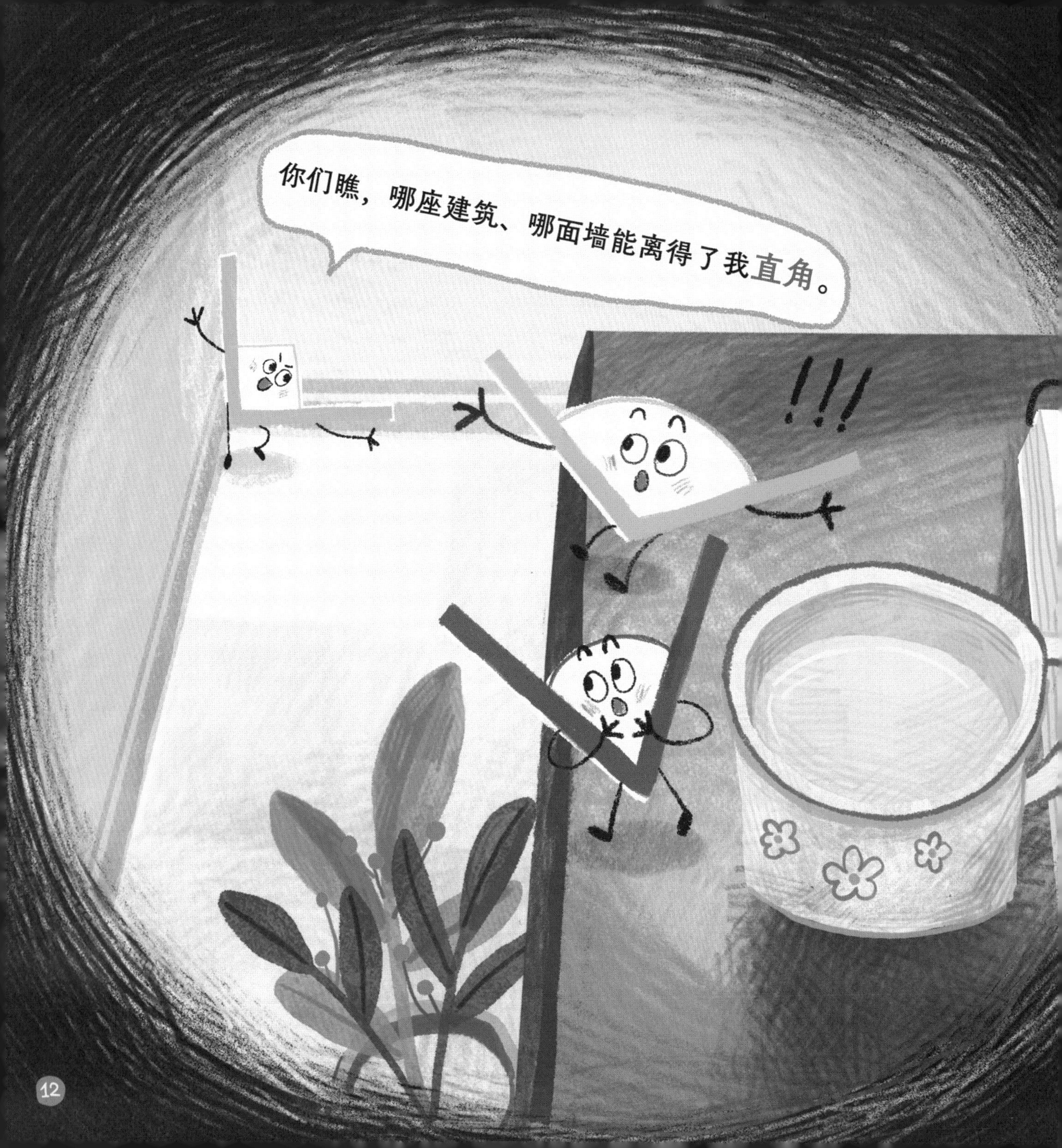
你们瞧，哪座建筑、哪面墙能离得了我直角。
!!!

无论是笔直的旗杆，

挺立的大树，

还是坚固的桥墩，

都是因为有我直角，
它们才屹立不倒。

我是正直、有担当的角，我才是最厉害的呢！

跟你们相比，我钝角非常普通，没有什么了不起的能力

当人们握手的时候，
伸开双臂拥抱彼此的时候，
下雨天撑开一把雨伞的时候，

我就出现在那里。

瞧瞧我身上的这两根指针吧！

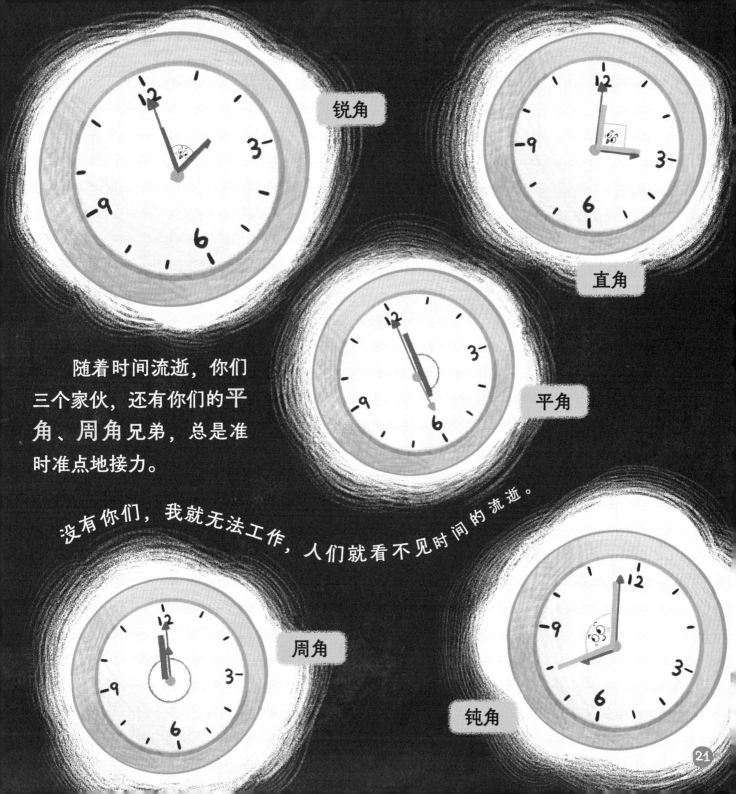

锐角

直角

平角

随着时间流逝，你们三个家伙，还有你们的平角、周角兄弟，总是准时准点地接力。

没有你们，我就无法工作，人们就看不见时间的流逝。

周角

钝角

21

你们本就是你中有我、
我中有你的一家人，你们
不知道吗？

不信你们靠近彼此看看吧。

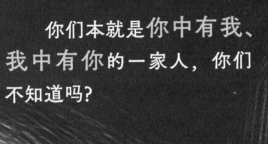

·知识导读·

    角是最基本的几何图形之一，也是进一步认识其他几何图形的重要基础。

    数学概念的"角"与孩子在生活中感知的"角"并不完全相同，我们可以让孩子指一指他心目中角的样子，孩子们指的角往往都是一个顶点，而不包含从那个顶点引出的两条直直的边。"比较"也是小学数学中一个核心概念，在比较中，孩子能体验感知到角是有大小的。通过对角的大小的比较，孩子将逐步建立起"直角""锐角""钝角"的概念。

    在日常生活中，我们可以引导孩子做一些能直观感受"角"的活动。比如，做一个"活动的角"，孩子们能很快发现角的两条边张开得越大，角就越大。还可以启发孩子思考一下，如果把两条边延长，角的大小是否有变化？或者，做两个"活动的角"，把它们叠在一起，就可以非常直观地看出哪个角大，哪个角小。

    孩子在这个阶段是以直观、形象思维为主，我们一定要让孩子多观察、多动手操作，积累基本活动经验，这样未来才更容易在头脑中建构无形的几何思维。

北京润丰学校小学低年级数学组长、一级教师　蒋慕香

思维导图

今晚真是一个热闹的夜晚！当小女孩进入甜蜜梦乡的时候，画纸上的角开始活跃了起来，围绕着"谁更厉害"这个话题，在夜里展开了一场激烈的讨论。那到底谁更厉害呢？它们为什么都觉得自己不可替代呢？请看着思维导图，把这个故事讲给你的爸爸妈妈听吧！

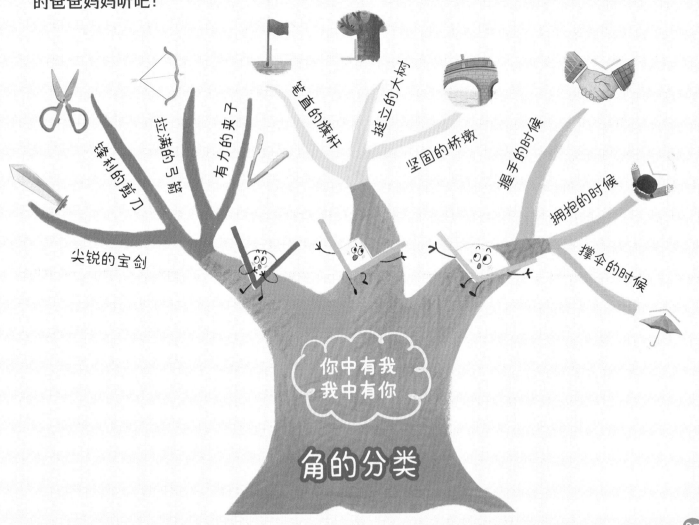

笔直的旗杆

挺立的大树

坚固的桥墩

握手的时候

拥抱的时候

撑伞的时候

锋利的剪刀

拉满的弓箭

有力的夹子

尖锐的宝剑

你中有我
我中有你

角的分类

·角的舞会·

　　角们决定，今晚要趁小女孩睡着举行一场舞会，规则是：不同的角要穿不同颜色的衣服，锐角穿粉色，直角穿蓝色，钝角穿绿色。请你先判断这些角是什么角，再给它们穿上不同颜色的专属礼服吧。

参考：

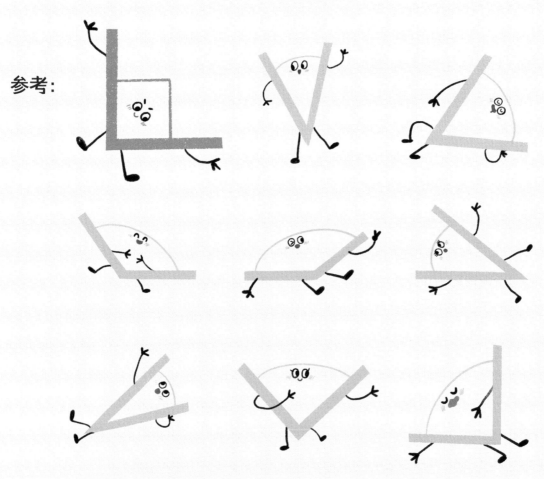

· 认真工作的角 ·

角家族里住着锐角、直角、钝角、平角等成员，它们会在时钟两个指针间依次接力、站岗。请你来看看，在这些时间点上，都是什么角在时钟上站岗呢？请你用笔把不同的角描出来，并在旁边的四个选项中圈出正确答案吧。

a. 锐角

b. 直角

c. 钝角

d. 平角

a. 锐角

b. 直角

c. 钝角

d. 平角

a. 锐角

b. 直角

c. 钝角

d. 平角

a. 锐角

b. 直角

c. 钝角

d. 平角

·我是小侦探·

相信你已经熟悉了直角、锐角和钝角。观察下面三种物体，你能找出它们都隐藏着什么角吗？请你找出这些角，并告诉爸爸妈妈它们都叫什么吧！

·无处不在的角·

角的概念虽然比较抽象，但它与孩子的实际生活有着密切的联系，很多物体的表面上都有"角"。因此，家长要有意识地引导孩子观察生活中的熟悉事物，从而抽象出"角"，使孩子经历数学知识的抽象过程，感受数学知识的现实性。以下几种活动可以帮助孩子更加全面地认识角哟。

1.寻找身边的角

无论是在家里、学校还是公园，都可以和孩子一起观察身边的事物，比一比谁找到的角更多。

2.身体游戏

用肢体也可以摆成各种各样的角，你能摆出多少种呢？

3.做角大赛

身边的很多物品都可以做成角，比如吸管、小棒、铅笔、彩纸等，你能做出多少种角呢？

知识点结业证书

亲爱的＿＿＿＿＿＿＿小朋友，

恭喜你顺利完成了知识点"**角的初步认识**"的学习，你真的太棒啦！你瞧，数学并不难，还很有意思，对不对？

下面是属于你的徽章，请你为它涂上自己喜欢的颜色，之后再开启下一册的阅读吧！